体验钢笔笔尖下的黑白世界

# 钢笔画手绘建筑

## 步步学

丁方 著

化学工业出版社
·北京·

U0258805

手绘对象分为单体建筑、不规则建筑、街道场景、石材建筑、水上建筑、大场景建筑，最后介绍了彩色钢笔画等。本书从讲述建筑物的构造与材质、细节放大、周边环境描绘等方面入手，步骤和要领讲述详细，易于操作模仿，无论是初学钢笔画，还是有一定基础的读者，都有较好的借鉴意义。

本书适用于广大美术爱好者以及有一定美术基础的初学者，也可作为建筑、设计类相关院校的绘画教材。

图书在版编目（CIP）数据

钢笔画手绘建筑步步学 / 丁方著. —北京：化学
工业出版社，2018.1
ISBN 978-7-122-31170-2

I. ①钢… II. ①丁… III. ①建筑画—钢笔画—绘画
技法 IV. ①TU204

中国版本图书馆CIP数据核字（2017）第305399号

责任编辑：李仙华　　　　　　　装帧设计：张　辉
责任校对：边　涛　　　　　　　版式设计：丁　方

出版发行：化学工业出版社(北京市东城区青年湖南街13号 邮政编码100011)
印　　装：北京新华印刷有限公司
710mm×1000mm 1/12　印张 12　字数 200 千字　2018年 7 月北京第 1 版第 1 次印刷

购书咨询：010-64518888(传真：010-64519686)　售后服务：010-64518899
网　　址：http://www.cip.com.cn
凡购买本书，如有缺损质量问题，本社销售中心负责调换。

定　价：39.80元　　　　　　　　　　　版权所有　违者必究

# 序言

很多时候，让建筑大咖们聚在一起的并不是建筑，而是绘画。钢笔画是一个"隐于市"的画神。它锻炼人果敢的性格和缜密的观察、分析事物的能力。作画工具亦十分简单，常常能利用茶余饭后碎片化的时间完成一幅钢笔画佳作。

钢笔画风格亦千人千面，没有陈规。全书分为单体建筑、连续重复、成角透视、正面角度、不规则建筑、街道场景、石材建筑、水上建筑、大场景建筑、彩色钢笔画等板块。案例从讲述建筑物的构造与材质、细节放大、周边环境描绘等方面入手，由易到难，犹如老师手把手教您作画。

书中收录了不同风格和场景的建筑物，有圆明园水榭、蒙古包、闽南土楼、碉楼、老上海石库门、徽派民居、黄鹤楼等中国传统建筑，也有毕尔巴鄂古根海姆博物馆、柏林国会大厦、布拉格舞蹈之家等现代建筑，更有圣托里尼民居、葡萄牙铁艺民居、俄罗斯教堂、温莎城堡等异域风貌建筑的步骤详图，还有苏州拙政园、南翔古猗园等著名景点的写生作品。书中案例常选用不同纸张以及搭配不同配景加以教学。

在此，感谢为此书提供指导意见的专家们（排名不分先后）：建筑师王晓东；同济大学陈健、刘秀兰、刘辉、吴茜、孙乐；北京市建筑设计研究院有限公司副总建筑师金卫钧；清华大学建筑学院副总建筑师朱晓东；北京土木建筑学会建筑设计委员会秘书长吴吉明；广州瀚华建筑设计有限公司副总建筑师许迪；浙江省省直同人集团有限公司陆佳；陈莹、王仁钦、雕塑家高孝午、杭州市美协水彩画创作委员会副主任余知辛、华东师范大学附属东昌中学胡菊飞等专家和老师们。

本书是作者多年绘画实践的经验总结，语言简明易懂，步骤清晰易学，相信能成为广大美术爱好者学习钢笔画的最佳教程之一，同时也适合美术培训机构以及建筑与设计类相关院校作为绘画教材使用。希望借由此书，能让更多设计师找回创作的初心，提升艺术素养，也希望能唤起绘画圈子返璞归真的新风向，播撒绘画这门古老艺术的新种子，传承设计创作的本源文化。

丁方

2018年1月

# 目 录

**钢笔画前的准备工作**

# 钢笔画前的准备工作

## 简述钢笔画

钢笔画最早出现在中世纪，19世纪末钢笔画在欧洲国家得到普及，不少绘画大师都将钢笔画作为速写和搜集素材的工具。如今，建筑、美术学院的师生和广大美术爱好者普遍用钢笔画速写建筑。

## 钢笔画艺术特点

钢笔画使用硬质笔尖和汲取墨水作画，必然使得它与其他画种有着不同的审美特点。钢笔画无法像铅笔、炭笔和水墨毛笔那样靠自身材料的特点画出浓淡相宜的色调，钢笔画在纸上的画痕深浅一致，在色阶的使用上也有限，它缺乏丰富的灰色调。因此，将钢笔画归于黑白艺术之列。在忽略了色调、光线等型体造型元素后，线条成为钢笔画最活跃的表现因素。用线条去界定物体的内外、轮廓、姿态、体积，这是最简洁直观的表现形式。

## 钢笔画所需材料

钢笔画所需材料也很简单，只需要一支好用的弯头美工钢笔、若干针管笔、一瓶墨水和一块擦笔尖布、一个画板、一支非常软的铅笔（辅助用于打草图）和一块软橡皮（用于最后擦去铅笔画的线条）即可。由于这种工具特点，钢笔画可以随时练习、写生、记录，这也是钢笔画被设计师广泛采用的原因之一。

新买的钢笔一般要用温水泡几个小时，特别是一般钢笔为了保护笔尖会在笔尖处涂蜡，不泡掉会导致出水不畅，但水温不能太高（注意只能笔尖泡，也可以把水吸进去泡，可以清洗里面的灰尘，避免堵）。高端钢笔一般不存在这种问题。泡完之后尽量自然风干，然后再上墨水，第一次上墨的时候可以多上几次，才可以上满。刚上完墨水之后出水会比较充沛，用一段时间，让墨水在钢笔毛细充分吸收，会变得均匀。不要太畏惧碳素墨水，碳素墨水是性能较好的墨水。

## 钢笔画表现技法

1. 线描。即以线为主的造型方法。线描具有简洁质朴的特点，用线来界定画面形象与结构，是一种高度概括的抽象手法。风格化的线描一般注重线的神韵，或凝重质朴或空灵秀丽，在画面形式上线描注重线的疏密对比与穿插组织。

2. 明暗。由于钢笔具有不易修改的特点，运用钢笔画要注意对明暗基调和对比的准确把握。画面中较清晰的物体要通过一定的对比反衬才能显现出来，对比越强烈物体越清晰。

3. 点线排列法。钢笔画是创作轮廓画法作品的一个特别适合的工具，它的线条能适当表现所有种类的形状和纹理。利用轮廓线条，同时用点、横线、竖线、弧线的排列与组合，通过线条的交错来勾画色块及明暗的方法即为点线排列法。

4. 反白法（黑底法）。勾勒的工具可用小毛笔或鸭嘴笔，类似黑白版画效果，适合于表现夜景、深色调的景物以及特定气氛的场景。

5. 钢笔淡彩。即在钢笔画的基础上施以淡彩。在钢笔淡彩中钢笔线条是画面的主要造型手段，而施以淡彩则是对画面的一种补充，也就是说用淡彩进行着色前钢笔稿应该画得相对充分而准确。

6. 钢笔线条与毛笔渲染混合法。将墨水冲淡，调成三到四种以上的层次的黑色，装入各色瓶中，贴上标签，代号为焦、浓、重、淡，同时吸进几支钢笔中。在作画过程中，从浅到深，分步深入，完全打破了传统的黑白两极分化的画面效果。

本书采用循序渐进的方法来进行建筑钢笔画的画法展开。由简至繁，也就是先从画形状简单的物体入手，主要是把生活中的物体概括成圆形、方形、三角形来进行写生练习；通过一段时间后再过渡到画较为复杂的组合形体。由静到动，先画相对静止的物体，从慢写入手，再逐步过渡到画动势的大场景建筑物，加大难度，培养画者的观察力、想象力。

# 第1章
# 单体建筑的
# 透视与构图

单体建筑是相对于建筑群而说的，建筑群中每一个独立的建筑物均可称为单体建筑。因天时，就地利，这一章我们需要将建筑结合四周环境，用灵活布局方式突出建筑物主体。

≋

## 案例
# 蓝天下的茅草屋

建筑知识点

- 屋顶的茅草材质

作画知识点

- 农舍古、旧感觉
- 梵·高式蓝天、白云的画法

● 步骤 1

运用两点透视原理，用较松弛的握笔法，画出茅草屋外形。用线看似曲折，其实并不随意。

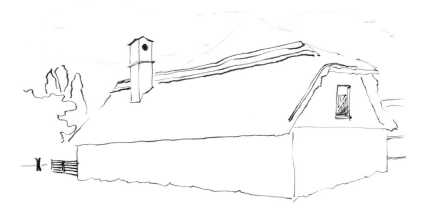

● 步骤 2

密排画出屋顶茅草。

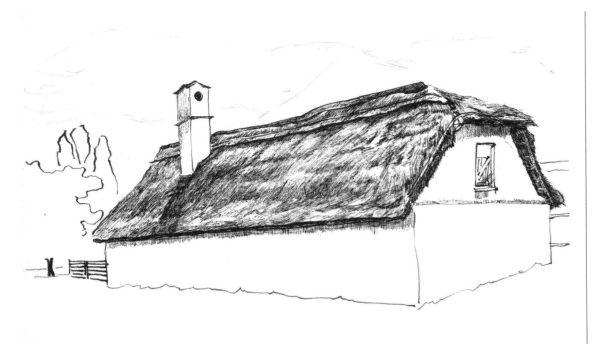

**步骤 3**

用短线条，在不同的方向密排茅草屋顶。

**细节放大**

斜握笔，皴出茅草毛躁感觉。

**步骤 4**

**绝招神神**

用打圈的笔触画树木作为远景。运笔交错，体现交错感。

**细节放大**

用连续而交错的短线画出草坪。

## ✚ 技法延展

整棵树的画法

略施明暗的一棵树画法

仅勾勒线条的一棵树画法

## ◨ 范画

原乡（王晓东）

# 第2章
## 连续重复
## 体现纵深感

建筑的重复构造比比皆是，如回廊、瓦片等，但并非简单而机械的重复。需将同一造型要素重复使用，表现画面节奏感。构图时还要善于利用汇聚或重复线条，可以表现空间感和纵深感。

## 2.1 案例
## 草原上的
## 游牧民居蒙古包

建筑知识点

● 圆形建筑

作画知识点

● 连续而重复的物体画法
● 砂砾、木桩等细小物体

### ● 步骤 1

在理解近大远小透视规律的基础上，勾勒出蒙古包的外轮廓。

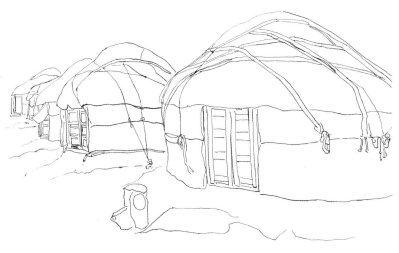

## ◑ 步骤2

用浅蓝灰色马克笔铺设木门、哈纳墙（蒙语，指木栅）、柳木制奥尼（椽子）最基本的明暗。哈纳墙是由细木杆编制成菱形网片，外围是由毡子作的圆形围壁。

笔随形转，用略带弧形的线条画出大体明暗。

## ✒ 细节放大

蒙古包屋顶

---

## ◑ 步骤3

用点状法画出砂砾。用画长方体的画法，勾勒出小石块。

## ✒ 细节放大

用画圆柱体的方法画出树桩。

◎ 完成

用画圆柱体的手法，写实画出绳索和鬃绳，用简单线条画出蓝天白云作为衬托。

✒ 细节放大

绳子画法。

🖥 范画

蜿蜒的屋顶

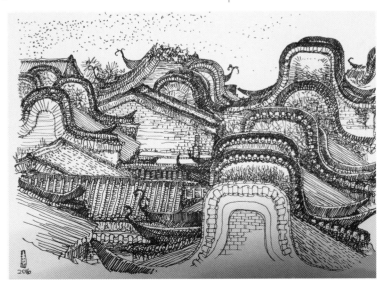

## 2.2案例
## 樱花树下的韩国内政部一角

建筑知识点
- 连续而重复的瓦片
- 斗拱的结构

作画知识点
- 小花瓣植物（樱花）画法

笔尖下卧，画出近景瓦片，线段宽厚。再竖立笔尖，用较细笔触画出围墙拼缝的横向线条。

利用弯头钢笔粗细变化的特点画出中景（彩色亭子）的外形。飞檐和斗拱是两点透视的转折点。

韩国传统建筑配樱花树，刚柔相济。画出樱花树主枝干。

● 步骤1

运用一点透视，构图。

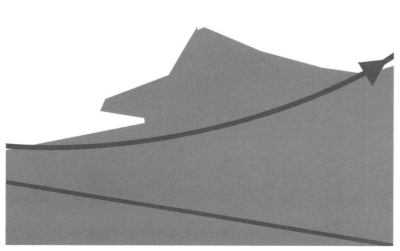

🌙 **步骤 2**

铺设建筑物暗部，留白亮部。

✒ **细节放大**

青瓦画法类似横置的圆柱体。固有色较深，可着重体现。

图案和纹饰具有连续性。斗拱的榫卯结构复杂，而彩色亭子非画面主题，故只勾勒并强化檐角形状，内部虚化处理。

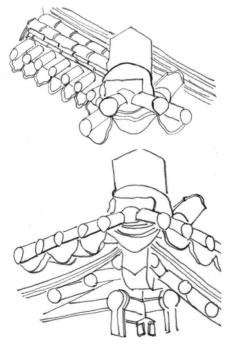

## 步骤3

进一步加大阴影，表现围墙的进深感。

## 细节放大

梨花叶瓣碎小且作为远景无需具象描绘，打圈法运笔画出柔美感和空隙感。

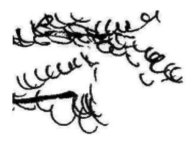

## 范画

闽南建筑

完成

明确勾勒梨树枝干脉络，进一步拉开整图的黑白对比关系。

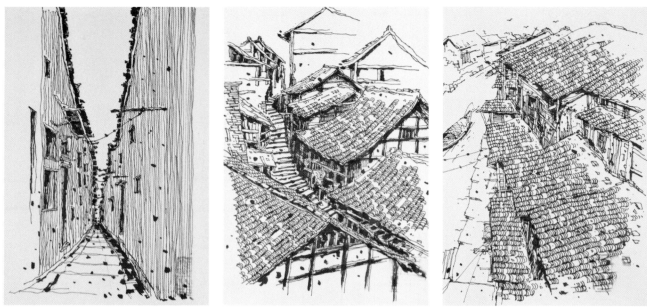

上海外滩（王仁钦）

## 2.3 案例
## 亟须保护的
## 云水谣和贵楼一角

建筑知识点
- 地方性民居——福建土楼
作画知识点
- 有色卡纸上如何作画

● 步骤1

用井字形切割画面，找出环形建筑的动势和画面焦点。在暗红色卡纸上勾勒出建筑物外轮廓。

土楼：

以生土版筑墙作为承重系统的任何两层以上的房屋，分方形、圆形、五角形、八角形、日字形、回字形、吊脚楼等多种类型。

## ● 步骤 2

用钢笔粗头将暗部涂黑，半明半暗处密排线。

## ○ 步骤 3

用稀疏而随意的线条画出阳台木头的斑驳感。
因画面整体较暗，用色粉笔提亮高光。

## 绝招神神

灰度的表现与把握：暗红色纸作背景，有效表现建筑的"老旧"之感。

# 范画

围屋盛宴

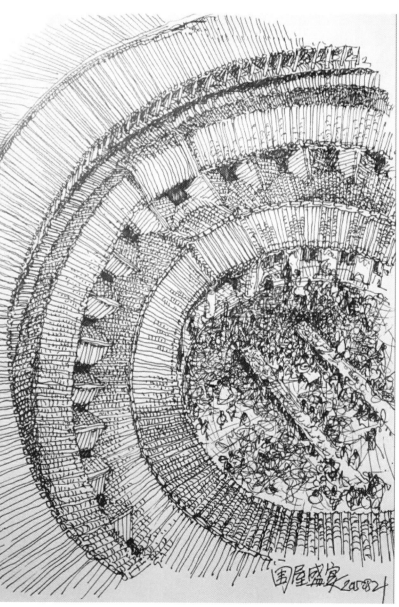

## 2.4 案例
# 最怀旧的老上海石库门

建筑知识点

- 石库门：以石头做门框，
以马漆实心厚木做门扇

作画知识点

- 如何画好灰色（固有色）
- 石头的画法（地面和墙面的区别表达）

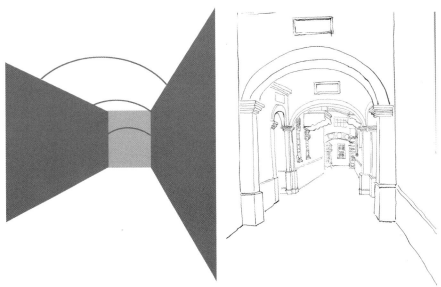

● 步骤 1

圆形透视和两点透视分析。
较仔细地勾勒出石库门外轮廓，包括拱门和门柱。交代出门柱细节。

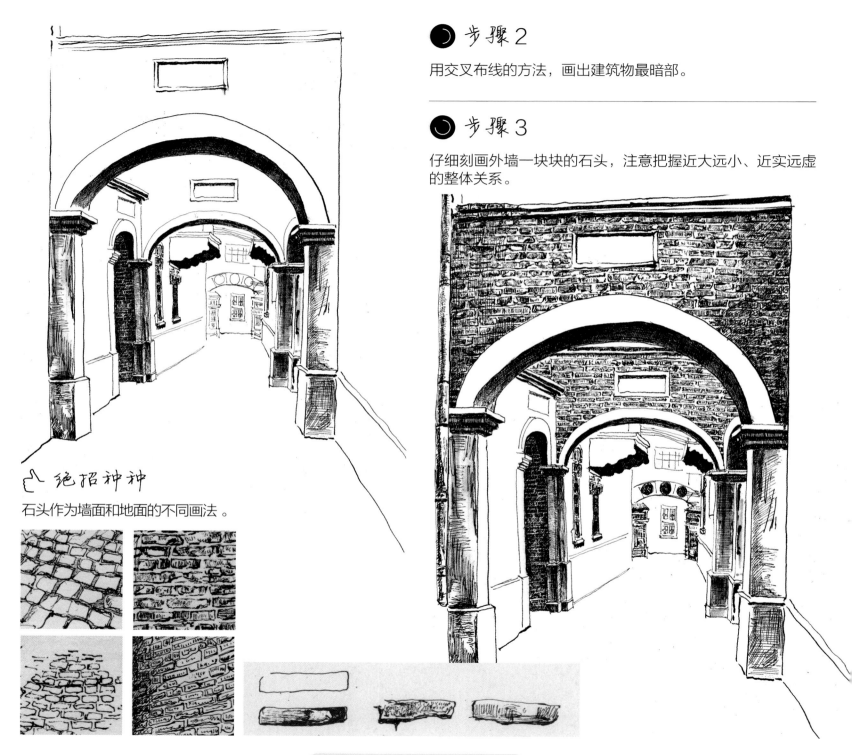

### 步骤2

用交叉布线的方法，画出建筑物最暗部。

### 步骤3

仔细刻画外墙一块块的石头，注意把握近大远小、近实远虚的整体关系。

👍 绝招神神

石头作为墙面和地面的不同画法。

## 范画

上：川西民居
下：石桥与瓦片（王晓东）

台阶的画法

杨雁容（指导老师：刘秀兰）

# 第3章
## 成角透视画建筑

成角透视多用于室外建筑物。即景物纵深与视中线成一定角度的透视，景物的纵深因与视中线不平行而向主点两侧的余点消失。

## 3.1 案例
## 房顶带阳台的一间小屋

建筑知识点

- 葡萄牙埃武拉民居：建筑风格综合哥特式和阿拉伯特色

作画知识点

- 铁艺、瓦片、土墙画法

● 步骤 1

按成角透视的规律勾勒阳台外形。因钢笔画不方便修改的特点，先用直线后描绘曲线细节。

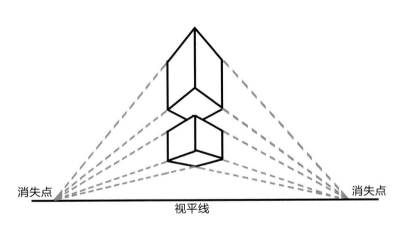

消失点　　　　　　　视平线　　　　　　消失点

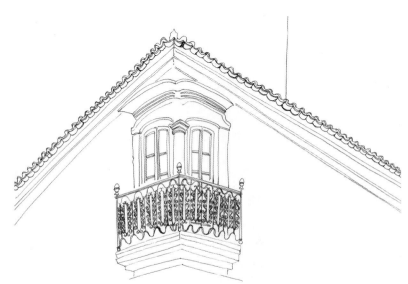

● 步骤 2

画出墙角阴影。

✍ 绝招神神

用灰色水笔衬托窗檐和阳台底部。

● 步骤 3

柱子、砖墙等增添明暗细节。

✒ 细节放大

点画的方法，画出水泥的毛躁质感，以区别于光滑涂料外墙面。

范画

慢屋印象

## 3.2 案例
# 田园风光的开平碉楼

建筑知识点

- 碉楼：融合中国传统乡村建筑文化与西方建筑文化的独特建筑

作画知识点

- 荷花、亚热带（中景）树木画法
- 清水砖墙材质表现

● 步骤 1

选用土黄色美纹纸，让老建筑呈现天然"旧"感。

## ◑ 步骤2

碉楼的上部造型为柱廊式。着重描绘古罗马式山花顶。
周围植物画简笔。

## ◑ 步骤3

针管笔搭配钢笔,横向排线,画出中间灰。

✒ 细节放大

◉ 完成

植物和云朵作为配景，衬托建筑主体。

✏ 细节放大

干枯树枝的剪影

范画

德式建筑

巴黎街头
上海时装商店

## 3.3 案例
## 岁月静好宏村马头墙

### 建筑知识点

- 徽派民居：木构架为主。以雕梁画栋和装饰屋顶、檐口见长
- 马头墙：高于两山墙屋面的墙垣，形状酷似马头

### 作画知识点

- 墙面斑驳年代感

### ● 步骤1

按成角透视法则，用钢笔勾勒出民居形状，马头墙做较为细致的描绘。

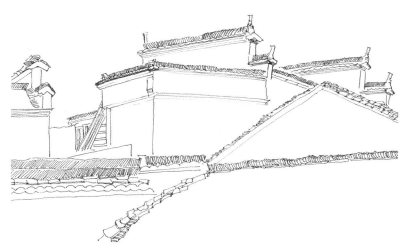

### ● 步骤2

用钢笔较粗的一头叠画马头墙瓦片的纹理部分。
马头墙是江南传统民居建筑中屋面以中间横向正脊为界分前后两面坡，左右两面山墙或高出屋面，并循屋顶坡度迭落呈水平阶梯形。

 **步骤 3**

和常规画法不同，由远及近地刻画。

 **步骤 4**

非常有耐心地画出（前景）瓦片，但不同于原图的漆黑一片，在此处理得较为透气。

完成

用毛笔晕染出古色古香的年代感。

寺庙（王晓东）

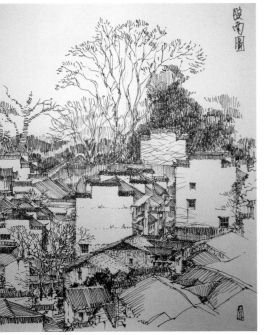

陈之忆（指导老师：刘秀兰）

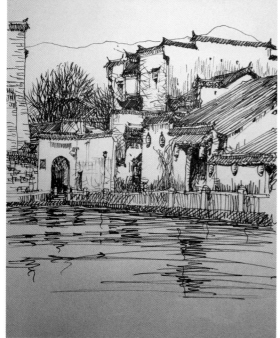

刘秀乇作品

## 3.4 案例
## 阿拉伯风格的宁夏城市拱门

建筑知识点

- 阿拉伯风格园林建筑
- 四方连续、城市雕塑

作画知识点

- 镂空菱形（四方连续）画法

### ● 步骤1

分析近远景关系，用线条交代出画面重点和次重点。画面的视觉中心——从中央镂空看远景部分的边框先留白，给画者以更多遐想和发挥余地。

## 步骤 2

从中心向四周发散型地上明暗。

## 步骤 3

和常规画法不同，由远及近的刻画。水磨石边框用湿润毛笔处理。

◉ 步骤4

用马克笔的细头，开始画前景的漏窗部分，注意布线疏密和轻重变化。不要四角平均而毫无特色。

✎ 细节放大

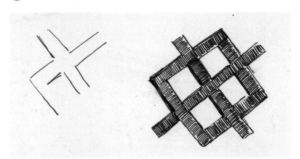

◎ 完成

用针管笔隐约地画出漏窗背后的植物。在菱形内填空即可，无需连贯性地描绘植物。
调整画面直至完成。

## 3.5 案例
# 苏兹达尔的木质教堂

建筑知识点
* 俄罗斯木质教堂建筑
作画知识点
* 尖顶、拱顶画法
* 干枯寒地草坪画法

## ◗ 步骤 1

建筑整体处于一个水平面上，但每个建筑单体以及连接而成的整体，属于成角透视。基于这一认识，画出教堂外观，包括木条的横线走向。

 步骤 3

针管笔搭配钢笔，纵向排线，画出教堂中间部分的木纹。

## 步骤 2

先从最暗处着手上明暗。

✏ 细节放大

实木外墙的纹理。

苏兹达尔地处高海拔地区，故在教堂周边添加苔地植被加以点缀。

教堂屋檐向阳处，用稀疏而干涩的墨迹加以描绘。

# 第4章

## 正面角度
## 画建筑

正面角度适合表现安静、平稳、庄重、严肃的主题。建筑，无论古今在设计上都注重正面的样式。正面角度更能够表现对象本色。

# 4.1 案例
# 阳光下正立面北欧传统建筑

建筑知识点
- 北欧传统民居

作画知识点
- 建筑立面图向透视图的
基本转换法

 步骤 1

将正立面图纸转化为线稿。

步骤 2

北欧传统民居色彩以暖纯色为主，由多排平行楼房组成，陡峭的坡顶起排雪作用，木结构为保温。人字形木条山墙、烟囱、老虎窗增加了屋顶轮廓线的变化。

## ◐ 步骤3

用斜线画出投影。注意钢笔具有不可修改的特点，三思后再画。

🖊 细节放大
房屋投影

◉ 完成

用灰色马克笔描摹建筑物底部砖石纹理，钢笔画出烟囱、顶部瓦片纹理。其余则留白。

范画

尖顶房屋

## 4.2 案例
## 倒扣碗造型的
## 柏林国会大厦拱顶

建筑知识点
- 球形建筑、玻璃建筑

作画知识点
- 灯光建筑，透明、钢铁骨架

### ● 步骤1

将球形建筑安置在水平面上，用曲线画出球形建筑金属部分的外轮廓。

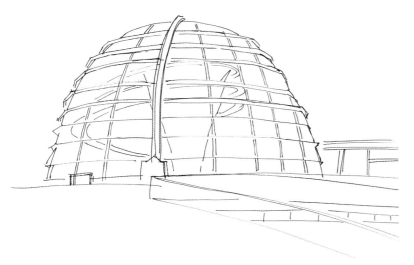

### ● 步骤2

宁方勿圆，用短直线衬托球形建筑的明暗。由于是玻璃建筑，内部结构十分清晰，故要用比外轮廓略轻柔的线条画明暗。

## 步骤3

精致的纵向短线画出球体的明暗变化关系。用纵横交错的短线画出建筑主体之外的台阶等明暗关系。

### 细节放大

钢化玻璃局部

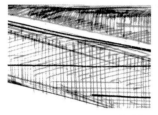

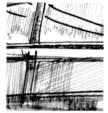

### 完成

丰富人物细节，直至完成。

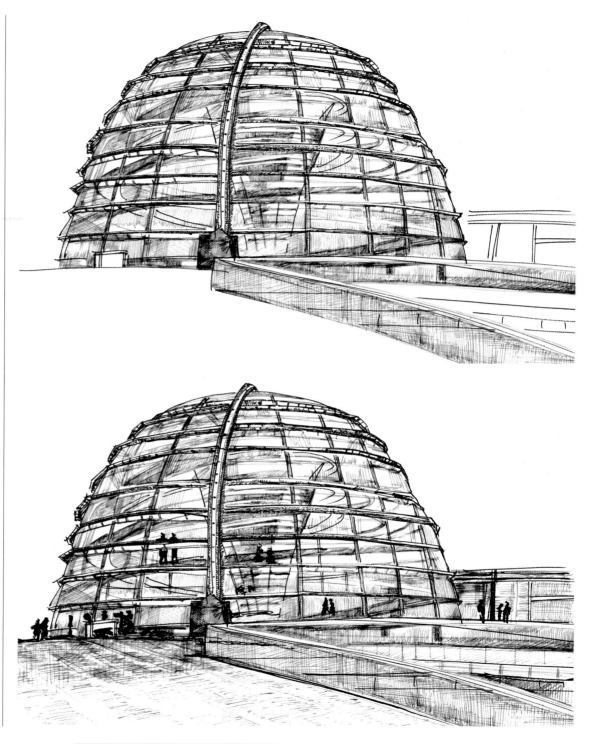

左上：阅江楼（王晓东）
左下：小扣柴扉（张涛）
右下：电视塔

## 4.3 案例
## 春意盎然的黄鹤楼

建筑知识点

- 中式建筑

作画知识点

- 松树、香樟、牌匾的衬托

黄鹤楼:

内部由72根圆柱支撑, 外部有60个翘角向外伸展, 屋面用10多万块黄色琉璃瓦覆盖构建而成。

### ● 步骤1

本应竖构图, 因有了周边植物的点缀而变成稳定的三角形横构图。植物起到点缀和放松画面的作用。

◑ 步骤2

用阴影衬托出飞檐，层次清晰。

前景树木理解为一个球体，画出其阴影。

◑ 步骤3

精致地勾勒出琉璃瓦弯曲弧度。用发散形的短线画出右侧松树的松针。

用乱线条丰富左侧香樟树的中间层次。

✒ 细节放大

完成

画出牌匾、石头雕刻的观景台扶手等细节。

**范画**

贵州兴义永康堡

厦门民居

王仁钦

建筑红楼（许迪）

# 4.4 案例
# 一物多画的墙垣和老树

作画知识点

- 一物多画法
- 不同的布线法则，衬托出不同的明暗效果

## 范画

徽屋写生

## 查济古建筑之窗

方晨婷
指导老师：刘梓

窗

窗子的形式非常多样，主要有槛窗、有根窗、支摘窗、洞窗、漏窗等。窗的色彩，有江南水乡的清新淡雅，即在窗户表面上油漆或仅涂透明桐油；有宫殿、寺庙等大型殿堂的浓墨重彩，即用多色彩的重彩油漆作装饰。

布图此木窗是回抹槛窗缠草吉祥窗棂，人物场景与梅花鹿吉祥图案的木雕。原本是查济民居的回页槛窗，右图下仅画两页。

魏天（指导老师：刘秀兰）

# 第5章 不规则建筑

所谓不规则建筑是指背离传统建筑空间构成法则，外表和空间构成不规则的建筑。人们往往用"异形""另类""新奇"等词来形容这类建筑。

## 5.1 案例
## 创意十足的布拉格舞蹈之家

建筑知识点
- 后现代结构主义建筑

作画知识点
- 体块穿插表现不规则的建筑透视画法

### 步骤 1

跳舞的房子：灵感来自于20世纪三四十年代的美国踢踏舞明星的舞蹈姿势。

此类不规则建筑无法完全遵循传统的透视规律，但近大远小的透视法则仍旧保持不变。用钢笔勾勒出建筑物外形，以及街道、配景（汽车）的形状。

### 步骤 2

用阴影表现出舞蹈之家圆柱体结构这部分以及画面左侧背光部分。

### ◐ 步骤3

用钢笔粗的一面铺设出水泥地面、道路中间线、斑马线。为舞蹈之间铺设稳定的地基。

### ✐ 细节放大

进一步展开近似圆柱体部分建筑的光影关系。

### ◎ 完成

上图：树屋
（王晓东）

左图：城市综合体
（王仁钦）

# 5.2 案例
# 无限延伸的旋转楼梯

建筑知识点
- 旋转楼梯

作画知识点
- 黑白意境的表达
- 大株（单棵柏树）的画法

● 步骤 1

用钢笔最细的一头画出弧形楼梯的外轮廓。中心的树木用锯齿状表示。较矮小的植株和凳椅可忽略不画。

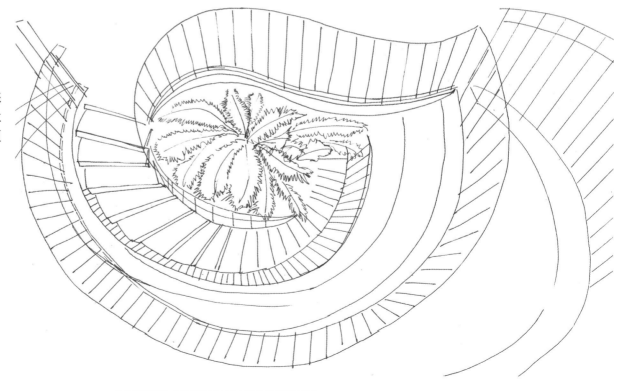

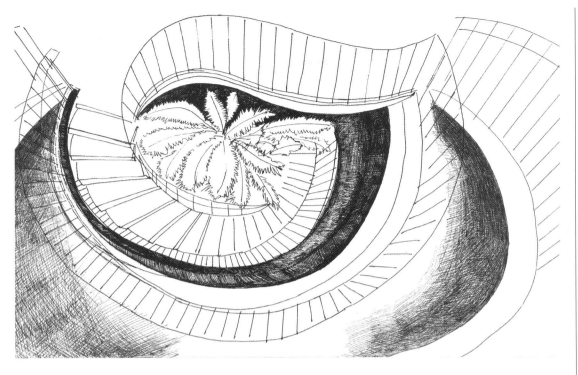

 步骤 2

由于整体外形呈贝壳形，先用短斜线布线，画出最暗部以及阴影。阴影用渐变方法来表示。

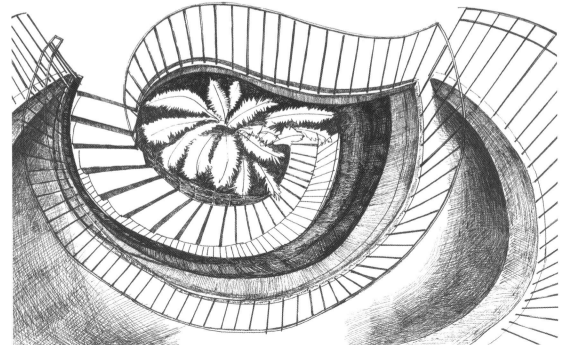

步骤 3

由阴影处延伸开来画明暗。中心的树木是视觉中心点，可留白。注意旋转楼梯的层次逻辑。

## ◎ 完成

用较粗的针管笔画出地坪马赛克拼花（注意透视和轻重变化），直至完成。

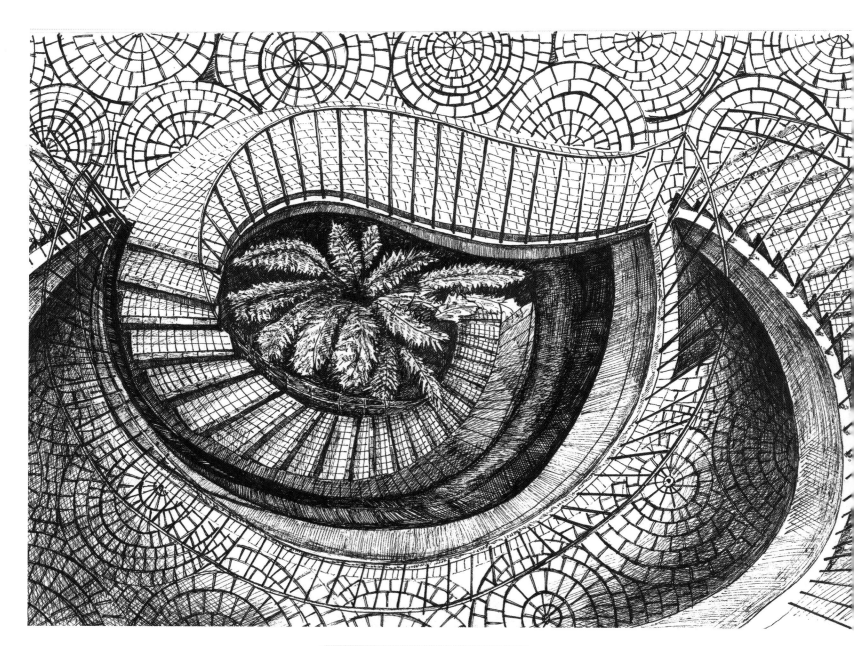

以色列街景

石堡画廊

# 第6章
## 街道场景

街道曲、直各不同，白天、晚上，以及车水马龙或是宁静氛围的光影效果也不尽相同。

# 6.1 案例
## 流光溢彩的古典建筑街景

建筑知识点
- 欧式圆形古典建筑

作画知识点
- 光影表现夜晚街景

### ● 步骤 1

先画个十字，定好画面焦点。因为画纸本身的尺寸比例，人为地将视点抬高了。环形古建筑遵循圆柱体的透视原则，内部拱形露台结构较复杂，需耐心描绘。

## 步骤2

先填充拱形露台内部明暗，左侧街道的拱门略作交代。注意前实后虚的明暗层次关系。

## 步骤3

进一步丰富右侧圆形老建筑外立面的明暗，画得比较实。街道左侧则留白较多，以免平均画面。街道路面用淡灰褐色马克笔略衬明暗，以协调左右两边建筑物。

 细节放大

## ◎ 完成

用水粉较少的白色水粉颜料"扫"出光晕，烘托气氛。

古镇一角

城市高架桥

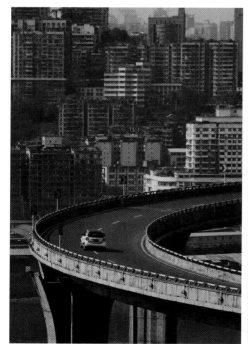

公园漫步

短线+点画法表现阴影

铭黄纸上作画

平均分配的画法

前实后虚的画法

远景省略的画法

接近平视的画法

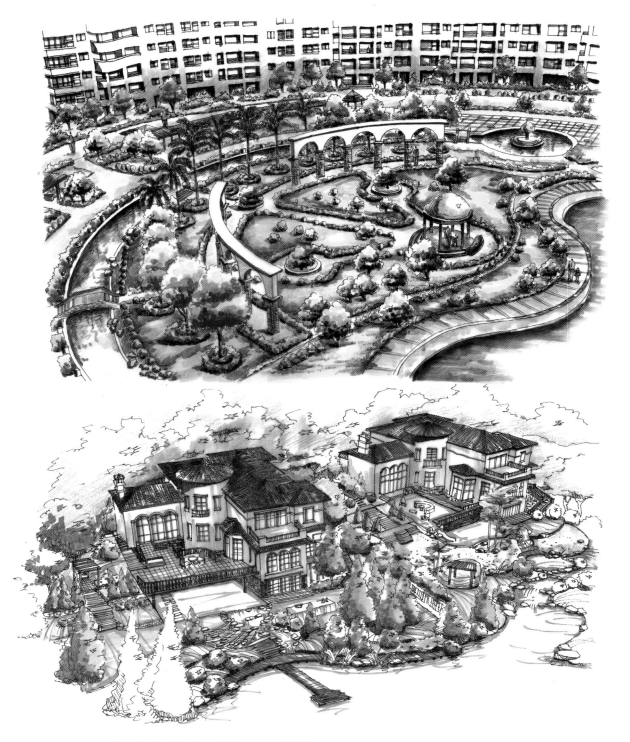

杨雁容（指导老师：刘秀兰）

黄作厨金　2016.03

# 第7章
## 石材建筑

与喧闹的城市相比，朴实、天然的石材给人一种心理上的平和、恬静。选用石材作为建筑外立面可以让人心情愉悦，经典永流传。

## 7.1 案例
## 艳阳下的伦敦塔桥

建筑知识点
- 水上建筑怎么画
- 石材建筑的画法

作画知识点
- 短小而密集的用笔

步骤 1

针管笔勾勒塔桥外形，注意近大远小的透视关系以及细节。

伦敦塔桥是一座上开悬索桥，位于英国伦敦，横跨泰晤士河，因在伦敦塔附近而得名，是从泰晤士河口算起的第一座桥（泰晤士河上共建桥15座），也是伦敦的象征。

 步骤2

开始着手画塔身部分。桥柱部分多用直线。

维多利亚时代的新哥特式的装饰部分则用横向弧线顺结构画明暗。

步骤3

重点画桥墩。桥墩是一座桥梁最敦实的部分。花岗岩纹理横竖衔接，用打格子的方式表示。

镀金色和灯光，则加大黑白对比表示。

吊桥部分则根据受光和背光面处理。

细节放大

花岗岩纹理

◉ 完成

丰富铁索、塔尖装饰物等细节。
用轻松、随意的笔触画出河水的流动性。
远景建筑则简单勾勒，突出前景塔桥的重点。

悬崖边的古堡

### ≋

## 7.2 案例
## 英国里程碑式的温莎城堡

建筑知识点
- 英国传统圆形城堡建筑

作画知识点
- 花岗石外墙的材质表现
- 模仿修拉为代表的点画法

### ● 步骤1

以左侧三分之一为中心构图，勾勒出腰线、窗户、顶部主要线条。温莎城堡是现今世界上有人居住的城堡中最大的一个。城堡的中心仍然保持了一个人造的山丘，许多特征仍然混合了古典与现代元素。

温莎古堡由花岗岩外墙砌成。花岗岩质地坚硬，铺设数量巨大，难以一一描绘。故采用法国印象派大师修拉的点画法风格画明暗。

✎ 细节放大

● 步骤 3

点的大小、密度需服从于最基本的明暗规律，如音乐节奏般变化。
点，类似于像素，但渐变的感觉以及图片的细致程度与点的数量有着直接关系。

◎ 完成

## 7.3 案例
## 大块岩石的灯塔湾日落

建筑知识点

- 海湾灯塔建筑

作画知识点

- 岩石群的画法

**步骤 1**

以左侧三分之一为中心构图。利用弯头钢笔的粗细变化，画出灯塔沿途风景的外轮廓。由于乱石头是自然形态，因此构图上较随意。

## 步骤 2

用轻松随意的线条画出灯塔的暗部、近处植被造型。用较细的线条同样轻松、随意地画出岩石的纹理和暗部。

## 步骤 3

注意前实后虚的法则。远景灯塔虽是视觉焦点，但做简单处理。前景砂砾用点画法衬托；局部沟壑等，用钢笔较粗的一头平涂。

◎ 完成

用较干涩的笔墨画出海水，天空留白，最后协调一下近、中、远景的画面关系。

圣米歇尔山

➕ 技法延展

水边植物的画法

水边石头画法

上海南翔浮玉桥

苏州拙政园

## 7.4 案例
## 穹窿建筑的精华

建筑知识点
- 穹窿建筑

作画知识点
- 建筑群的画法

 **步骤 1**

穹窿建筑，多数是由分行排列的方柱或圆柱支撑的一系列拱门，拱门又支撑着圆顶、拱顶。

## ◐ 步骤 2

从穹顶出发逐一画出结构严谨、雄伟壮丽和带有装饰艺术的建筑群。

## ◐ 步骤 3

注意前实后虚的法则。远景只需线条勾勒，弱化明暗对比。

## ◎ 完成

建筑群，同一画面的多种画法

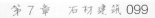

# 第8章
## 水上建筑

很多人对水上建筑存在偏爱。似乎一旦遇到水，充满设计感的建筑便会笼罩一层更加灵动丰富的美。本章分享那些令人心动的水上建筑的画法。

## 8.1 案例
## 浪漫仙本那的海上人家

建筑知识点
- 水上建筑——东南亚水屋

作画知识点
- 水的若干种画法

● 步骤1

水平叠加式构图。先画出水平线，再勾勒出物体的位置，如水上茅草屋、房屋支架、人的方位。

## ◗ 步骤 2

重点刻画建筑主体（茅草屋顶），逐步带出周围水波。

## ◗ 步骤 3

用弧形画波浪，注意不能平均分布。前景弧线比远景明显。

## ◎ 完成

**技法延展** 水的画法

海水的画法
贝聿铭设计的艺术博物馆

湖水的画法
上海古漪园（陈健）

江水的画法
香港九龙半岛（王晓东）

河流的画法

欧洲水乡

石上溪流

雨中

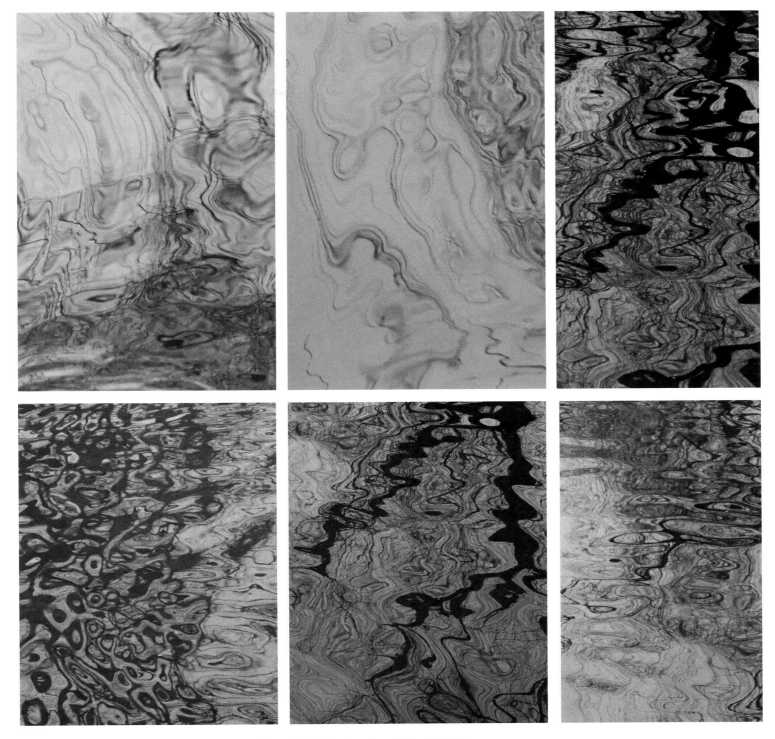

海岬

泸沽湖

## 8.2 案例
## 贵气十足的圆明园水榭

建筑知识点

- 水榭、雕花桥、琉璃瓦、桥扶手镂雕

作画知识点

- 远景植物画法

### ● 步骤 1

对称式构图，在画面中构成一个巨大的三角形，制造出由近及远的视觉气势。用钢笔仔细勾勒出栏杆的构造，包括厚度。水榭的沿角和远景树枝略作交代。

## ● 步骤 2

从左边（近景）开始画栏杆明暗。
远处树木（配景）做简单处理。

## ● 细节放大

栏杆的画法

## ● 步骤 3

丰富配景并梳理明暗和其他投影的
关系。但考虑到阳光射到右侧，因
此左侧栏杆以及水榭较为背光，右
侧则为受光面

## ● 细节放大

虽然是远景，亭子的画法只能一笔
一画地来，无法偷懒哦！

均衡左右两边的明暗轻重关系，做到画面均衡。丰富远景（树枝），直至完成。

### ✚ 技法延展

亭子的画法
苏州拙政园西园

桥的画法

白鹤南翔去不归

上海古漪园（陈健）

# 第9章
# 大场景建筑

不要惧怕画复杂的大场景建筑群。
从构图原理出发认真观察，就实避
虚，突出刻画重点建筑物，其实大
场景建筑群并没有那么难画。

## 9.1 案例
## 远眺乌云下的宏伟城市立交

建筑知识点

- 城市高架、高楼建筑群
- 大场景表现远眺视角

作画知识点

- 逆光的表现

### 步骤 1

不要被眼前的巨大场景吓跑，相信自己，你完全画得出来。先用钢笔较细的一端勾勒出主要建筑物外轮廓以及道路动线图。

### 步骤 2

大胆地用宣纸"拓"出远处的云彩。因为用"笔"很虚，不要担心拓印面积过大而破坏画面。

## 步骤 3

夕阳下，繁星满天之前的大气层云彩十分丰富。而城市高架和高楼反映出宏伟的感觉。不要拘泥刻画某个建筑物小细节，而是按全局观来画。

## 完成

在"拓"出的云彩上用钢笔勾勒云层的层次。整理画面直至完成。

超高楼

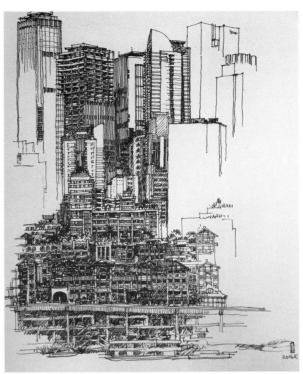

重庆洪崖洞（王晓东）

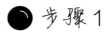

## 9.2 案例
## 乡村场景的代表山里石屋

建筑知识点

- 农舍、石屋

作画知识点

- 上下构图
- 组合植物的表现
- 围墙鹅卵石

● 步骤 1

上下构图，构图需保持均衡但突出重点。

● 步骤 2

逐一画出围墙、卵石。

● 步骤 3

开始画近处的草。

🖊 细节放大

石头的画法

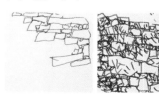

完成

石屋記

范画

山间农舍

碾子

芭蕉农家屋（王晓东）

左下：山舍清幽　　右下：农场生活

红堂一角

老屋印象

## 9.3 案例
## 家门口的院子

建筑知识点
- 水泥老房子

作画知识点
- 斑驳的阳光
- 衣服、树叶等配景

 完成

 步骤1

上下构图,构图需保持均衡突出重点。

● 步骤2

分析光晕特点画出暗部。

## ➕ 技法延展

植物的画法

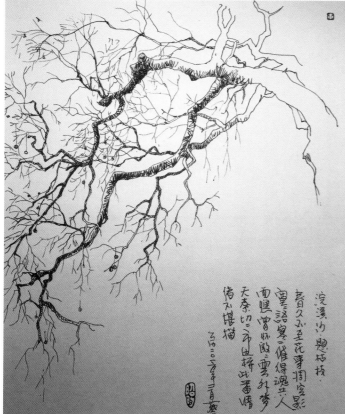

## 🖌 范画

榕树

# 第10章
## 彩色
## 钢笔建筑

钢笔画从诞生起就被定义为黑白画，而本章意在尝试彩色钢笔画。其前提是不应以牺牲钢笔画的特质为代价，不能因其他介质的加入而改变或弱化了钢笔画的特质色彩，在此起到锦上添花的作用。

## 10.1 案例
# 马克笔绘天空下的别墅

建筑知识点

- 别墅
- 木骨架玻璃屋
- 现代住宅

作画知识点

- 体块明暗表现
- 钢笔+马克笔作画

### ● 步骤 1

用成角透视法勾勒出别墅的外轮廓、可视部分的结构，以及建筑物前的庭院配景。

### ● 步骤 2

选用褐色系画出房屋木骨架部分，选用深浅不一的蓝色系马克笔画出屋檐和一侧立面。

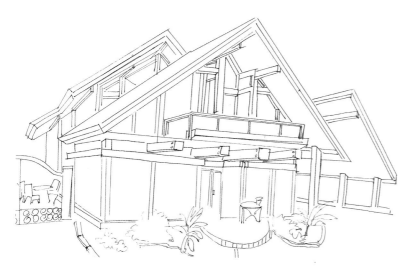

## ◗ 步骤 3

开始结合环境上色,大胆地用浅蓝色横线铺出地坪。远景树木用单一中绿色填充。到此步骤为止,全部结构都通过色彩做到交代清晰,但细节尚不够。

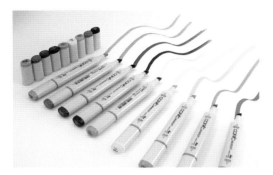

马克笔

## ◎ 完成

用针管笔勾勒细节,如:百叶、铁艺、树叶、花草、花坛等。

## 10.2 案例
# 广阔海景的圣托里尼民居

建筑知识点

- 地中海白色建筑
- 弧形建筑

作画知识点

- 弧线的运用表现起承转合
- 留白的艺术
- 水溶铅笔晕染

● 步骤 1

在蓝色美纹纸上,画出曲面复杂的外轮廓。

## 步骤 2

用彩色铅笔逐一描绘。白色建筑物在天空、海水、阳光的映衬下呈现出不同的色彩倾向，在此可以放大这种色差效果。

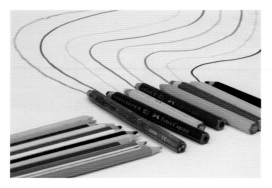

彩铅

## 步骤 3

用白色彩铅画出房子固有色，同时起到统一画面的效果。
增添鲜花等作为点缀。

完成

利用蓝色美纹纸的纹理特点和钴蓝色背景，画出弯弯曲曲线条的海天一色的背景。

梦里壮乡（王仁钦）

小区美景（陆佳）

## 10.3 案例
## 毕尔巴鄂古根海姆博物馆

建筑知识点
- 不规则建筑
- 文化建筑（博物馆）
  作画知识点
- 体块穿插和明暗表现
- 体现建筑物厚实质感
- 如何用色彩画渐变

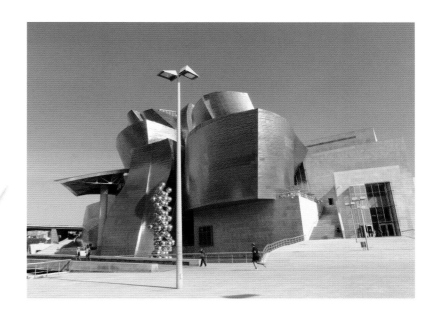

### ● 步骤 1

目测将不规则形状的博物馆分成左右两半，勾勒出大致形状。

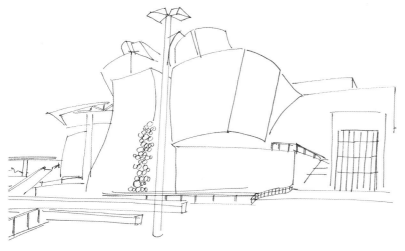

### ● 步骤 2

用马克笔大胆上色。建筑主体固有色为银灰色，较易导致画面缺乏精气神，因此在上色时人为打造出色彩，如：偏冷色的建筑物左侧画成蓝色，偏暖色的右下角则画成暖色。

## 步骤 3

开始为非主体部分上色。

### 细节放大

## 步骤 4

用钢笔勾勒前景细节，包括建筑物表皮肌理等。

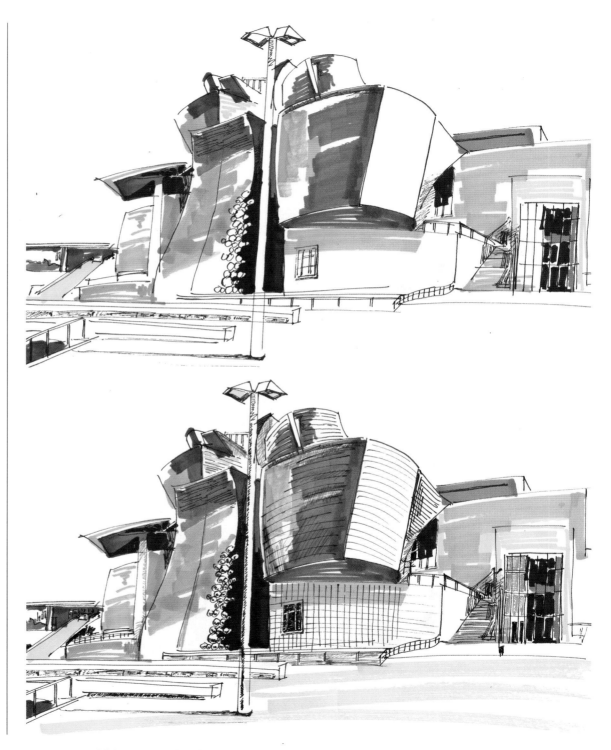

完成

用水彩淡彩晕染中间灰部分，使得转折部分不那么突兀，直至完成。

# 10.4 案例
# 幕墙反射下的拱顶古建筑

建筑知识点

- 古代和现代建筑外形和材质的对比

作画知识点

- 环境色表现反射玻璃材质
- 淡彩表现

## ● 步骤1

用钢笔勾勒作为画面视觉中心的远景教堂细节，而近景玻璃幕墙则呈现辐射状。

## ● 步骤2

用钢笔较粗的一头刻画出教堂的阴影和暗部，用笔可较随意，以体现沧桑的历史感。

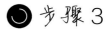

## 步骤 3

明暗开始延展至玻璃幕墙。

## 步骤 4

用淡彩局部着色，体现镜面玻璃的反射作用。

以下是淡彩画的部分颜料和笔

## ◎ 完成

用淡彩晕染蓝天、地面，只保留教堂部分不做过多的晕染，从而增大了新旧时空的对比。

## ✐ 细节放大

局部晕染效果。

## ▣ 范画

教堂高大的窗户

# ✚ 技法延展

川西民居几种不同的画法
左上：钢笔画法
右上：水彩画法（只用了黄、褐、黑色系）
左下：水彩画法（淡彩）
右下：钢笔勾勒并衬明暗，加局部上色